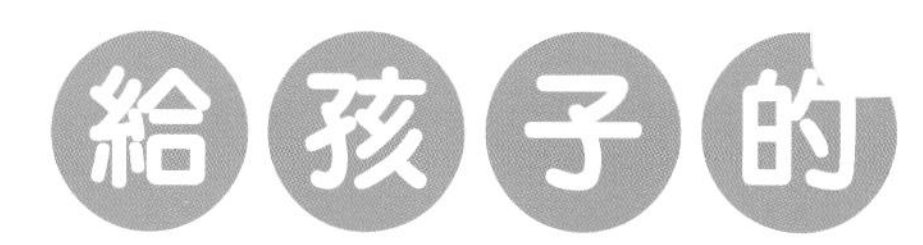

漢字故事繪本

編著 — 鄭庭胤　　繪圖 — 陳亭亭

中華教育

給孩子的話

小朋友，偷偷告訴你一個祕密，遠在上古時期，我們的老祖先便靠着一代傳一代，將一個大祕寶流傳至今。如此珍貴的寶藏，究竟是來自龍宮的金銀珍珠，還是玉皇大帝的仙丹妙藥呢？答案可能要叫你大吃一驚了，那就是我們生活中無所不在的「漢字」。

你可能會很不服氣，說：「這才不是寶藏呢！」但是先別急，試着想像一下，要是沒有文字，這世上會發生甚麼事呢？

在古時候，史官靠着手上一枝筆紀錄國家發生的大小事，要是文字消失，歷史也就跟着隱沒在時光中；世上如果沒有文字，我們就沒有課本能夠使用，得在老師講課時，一口氣記下所有知識，可真叫人頭昏眼花！幸好，漢字解決了這些麻煩，就算不必發明時光機器或記憶藥水，我們也能知曉天下事、學習前人的智慧，這麼看來啊，就算說漢字比金銀財寶更加珍貴，也不為過呢！

說到這裏，你是不是開始對漢字刮目相看了呢？在這本書裏，邀請到好多漢字朋友來聊聊他們的過去與近況，趕快翻開下一頁，漢字們要開始說故事囉！

目　錄

dōng

東

→ → → 東

太陽是天然的「指東針」，要是迷失方向，只要靠着觀察太陽從哪個方位升起，就能夠分辨出東方了。

「東」字的本義其實是指袋子，它長得很像一個囊袋「 」，中間圓鼓鼓的部分裝着物品，上下兩端則用繩子束起，以防東西不小心落出來。

小教室：

「東山再起」是指經歷失敗後，重新再出發。

你知道嗎？歷史上有不少偉大的發明家從失敗中汲取經驗，獲得了成功的基礎，因此有人說「失敗為成功之母」，就算經歷挫折，也可以東山再起。

nán

南

→ → → 南

「南」是個象形文字，本義是一種樂器。它長得就像我們現在所說的「鐘」，裏面是中空的，底部有着開口，能夠靠着敲擊發出洪亮的聲響，上面則用絲繩「」懸吊起來。

後來，這個字被借去表示方位「南方」，本義就漸漸不為人知了。

小教室：

替爺爺奶奶做壽時，可以祝福老人家「福如東海，壽比南山」，這句話是祝人吉祥如意、長命百歲的意思。

不論是生日、婚嫁或者生子之類的喜事，中華文化中都有各種用來祝福的俗語。小朋友，你還知道哪些吉祥話呢？

xī

西

→ → → 西

「西」字是依照鳥巢的模樣所造，鳥巢的外型像個碗「凵」，通常以草枝編織而成，表面有交錯的紋路「彡」。由於鳥類會在黃昏歸巢，而太陽下山的方向是西邊，所以古人把兩個現象互相聯想，借用了「西」字表示「西方」。

小教室：

經過一天的忙碌，我們會返回家中休息，但對鳥類來說，鳥巢的功用卻和人類的「家」有些不同。

大部分的鳥類棲息在樹上，只有繁殖期間才會築巢，靠着這個「嬰兒房」養育小寶寶。

běi

北

→ → → 北

「北」字畫的是兩個站立的人形，一人面向左邊「」，另一人則面向右邊「」。兩個人面向相反的方位，便有互相背離、違背的意思，因此「北」字的本義是「背」。

而隨着時代演變，現在「北」字多半用來表示北方。

小教室：

西瓜、冬（東）瓜、南瓜……吃着這些耳熟能詳的蔬菜水果，你是否曾經好奇過：怎麼沒有北瓜呢？

其實，這種蔬菜只是比較少見罷了。北瓜的表皮像西瓜一樣光滑，有着淡黃色果肉，是南瓜的一個品種喔！

guǐ

鬼

→ → → 鬼

「鬼」字指的是鬼魂、幽靈，當人們遇到科學無法解釋的現象時，常常會歸咎（歸咎：把錯誤推給某人）於鬼怪作祟。

古人認為人死後的精神會留在世上，變成鬼魂，因此「鬼」的下方畫着人的身體「⺈」；上方則畫了巨大又詭異的頭部「⊕」，強調鬼魂的可怕。

小教室：

農曆七月鬼門開，據說死者的魂魄會在這個月份重返人間，享用人們供奉的祭品。

西方的鬼節則稱為「萬聖節」，孩子們會在當晚裝扮成妖魔鬼怪上街遊行，挨家挨戶討糖果，看起來就像盛大的嘉年華呢！

shén

神

神 → 神 → 神

彩虹、降雨、日蝕……古人靠着想像力去解釋這些自然現象，稱之為神明所引發的神蹟。

「神」的本義是指神仙、神靈，右邊畫着一道閃電「申」，代表雷霆就像天神顯威；左邊的「示」字則代表天神降下的啟示，上面是天空「二」，垂直的三橫「小」則是日、月、星，古人認為天體的運動跟命運有關，
只要觀察天象，就能占卜未來。

小教室：

小朋友，你知道嗎？其實拜拜也是很講究的一門學問呢！為了祈禱生意興隆順遂，各行各業會供奉不同的「行業神」，例如媽祖會保佑漁夫出航平安，而木匠則祭拜歷史著名的巧匠：魯班。

xiōng

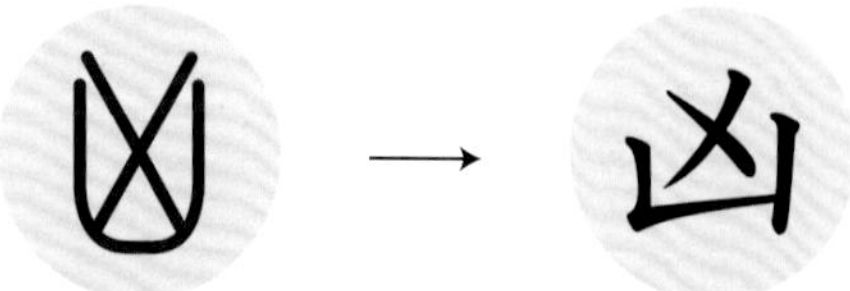

「凶」字的本義是陷阱，「凵」畫出坑洞凹陷的模樣，中間的「乂」則像崩落的砂土。要是一不小心掉入洞裏，坑壁又崩塌下來，那可就糟糕了！因此「凶」字又有危險與不吉利的意思。

小教室：

文字也有雙胞胎，「凶」和「兇」長得不僅相像，連意思也相當類似。

但「不吉利」的含意只有「凶」字能表達，下回可別寫錯了！

zāi

災

「災」的意思是禍害。自古以來，各種天災已經奪走無數人的家園，可見在大自然面前，人類的力量相當渺小。

甲骨文裏，「災」字畫着火焰「」在屋子「」內燃燒的景象，表示出失火的含意；而演變到篆文時，「災」字的上方寫作「」，有河川「巛」氾濫的意思，下方的「火」則表示火災。

小教室：

每年夏、秋兩季，狂風暴雨都造成了不少災情。雖然無法躲避颱風，但我們可以提前做好防災準備，將傷害降到最低。

小朋友，你知道颱風來襲時該怎麼做嗎？又有哪些行為需要避免呢？

xìng

→ 幸

古人的生活條件刻苦，醫療水準也比較落後；在這種環境裏，孩子們能平安活到長大就已經很幸運了。

篆文中，「幸」字由「夭」和「屰」所組成，「夭」字代表夭折，「屰」字則代表「反過來」，組合起來就有幸免於難的意思。

小教室：

　　幸福是甚麼？若是詢問一千個人，或許會得到一千種不同的回答吧！也就是說，幸福其實是一種主觀的感受，沒有絕對的答案。小朋友，對你來說，甚麼時候會產生幸福的心情呢？

lè / yuè

樂

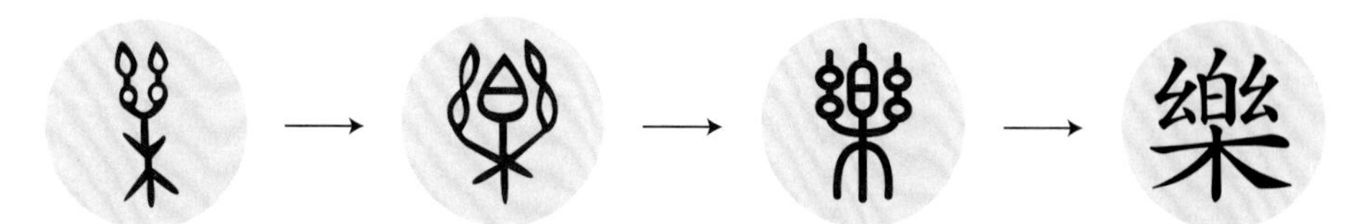

音樂是種聲音的藝術，輕快的節奏使人心情愉快，聆聽哀傷的曲調，則令人悲從中來。

「樂」字的本義是一種撥弦樂器，下方是樂器的木頭構造「木」，上方則繫着琴弦「幺」，演變到金文時，還加上用來彈奏的拇指「白」。樂器會發出使人愉快的聲響，所以「樂」字有「音樂」及「快樂」的意思。

人在高興時往往會得意忘形，忽略了身邊的危險，導致「樂極生悲」。

就算獲得了成功，我們也要保持謙虛的心，不可以輕忽大意或者驕傲自滿喔！

xǐ

喜

→ → → 喜

「喜」代表愉悅的心情，它的下半部是個口「𠙵」，上半部是「鼓」的本字「壴」。古代的鼓相當講究，頂端插着鳥羽裝飾物「山」，鼓面「⊟」下則有腳架「亼」。

當人們開口歌唱並擊鼓奏樂，氣氛就像慶典一樣歡樂，這便是「喜」字的含意。

小教室：

古人會把玉給男孩把玩，期待他能長成溫潤如玉的君子；因此有句成語叫作「弄璋之喜」（「璋」是一種玉器），用來祝賀生下男孩。

měi

美

「美」字的意思是漂亮、美觀，它的底下是一個人形「」，上方則畫着一隻羊，用來表示人的頭上戴着羊角造型裝飾物，看起來氣派又美麗。

也有人說，「美」的本義是甘美的好味道，因為它的字形像是由「羊」和「大」字所組成，而一隻體型肥碩的大羊，自然有着鮮美滋味。

小教室：

藝術作品能夠陶冶心靈，小朋友，你曾經參觀過美術館或者畫展嗎？

當我們進入展場，就得好好遵守觀展禮儀，除了輕聲細語之外，也不可以隨意觸摸作品，以免破壞藝術家的心血！

mèng

夢

古人說「日有所思，夜有所夢」，夢境通常被認為與我們的淺意識有關。

在甲骨文裏，「夢」字畫的是一個人「」躺在床鋪上「」睡覺，他橫眉「」豎目「」，像是經歷了一場惡夢。而演變到金文時，下方加了一個「夕」表示夜晚，強調出夢是晚上睡覺產生的現象。

小教室：

世上有沒有不做夢的人呢？科學家研究後發現，幾乎所有人每晚都會做夢，不過夢的記憶通常相當短暫，一下就被遺忘，也難怪會有人以為自己很少做夢了。

zhì

志

→ → 志

在金文裏，「志」字的下半部畫着一顆心臟「」，上半部則由腳掌「」和地面「一」組成，當腳掌踏在地面上邁進，就有前往、到達的含意。

內心打算朝某個方向前進，代表着擁有追求的目標，也就是「志」字的意思。

小教室：

有趣的電玩、漫畫常常讓人忘卻時間，一不小心就「玩物喪志」，荒廢了原本該做的事情。

適當的休閒娛樂能使人心情愉快，但一定要勞逸結合，好好分配念書與玩樂的時間喔！

ān

安

「安」字的本義是平靜、安靜。

古代軍隊講究「靜若處子，動若脫兔」，士兵們行動時要敏捷如兔子，一但作戰結束，就要跟未出嫁的閨女一樣沉靜；從這句話來看，我們不難理解為甚麼「安」字畫着一位待在房屋「宀」裏的女性「女」了，她交疊雙手，雙膝着地跪坐着，展現出安靜的氣氛。

小教室：

有位田園詩人叫做陶淵明，他因為厭倦了黑暗的官場，選擇辭官隱居，從此過着「安貧樂道」的生活。

著名的俗語「不為五斗米折腰」便是由此而來，用來形容人品清高，不願為了金錢、地位而迎合他人。

yí

宜

→ → → 宜

「宜」字的輪廓是一塊砧板「 」，上面放了兩塊肉「夕」。到後來，代表肉的圖形變成了「且」；上方的「宀」則是由砧板的輪廓演變而來。

當熟肉切好放在砧板上，代表可以食用了，因此「宜」字有合適、適當的意思。

小教室：

「因地制宜」是指依照實際的情況去制定辦法。

同一個辦法不一定適用於每一個地方，所以在處理事情時，靈活變通是很重要的。

shī

師

𠂤 → 𠂤帀 → 師 → 師

軍隊人數眾多，因此士兵會編排到各個部隊，而「師」字的本義是軍隊的單位，一師大約有兩千五百人那麼多呢！「師」字左邊的「𠂤」有小山丘的含意，因為軍隊通常會選擇比較高的地方紮營，而「帀」則是聲符，用來表示「師」字的讀音。

後來，「師」字被借去代表有專業能力的人，例如醫師、老師。

小教室：

老師就像班級裏的大家長，負責照顧學生，並教導大家各種知識。要是在生活中遇到甚麼困難，除了跟父母商量之外，也可以和你信任的老師聊聊喔！

yǒu

友

→ → → 友

俗話說「在家靠父母，出外靠朋友」，好朋友不但可以分享彼此的心事，還能互相關照，增廣見聞。

古人在造「友」字時畫了兩隻手「」，它們朝着同樣的方向，看起來就像兩個志同道合的人，代表着親密友好，能夠互相幫助的關係。

小教室：

孔子曾說，要在惡劣的環境下才能看清一個人的品德，而松樹、竹子、梅花在寒冬中也不會凋謝，就像處於逆境卻屹立不搖的君子，因此有「歲寒三友」的美稱。

chén

臣

在甲骨文裏，「臣」字是依照眼睛的模樣去畫的，外面是眼眶的輪廓，中間則是眼球的形狀「〇」，渾圓的眼球仰望着某個高高在上的人，表示出屈服的意思。

古代臣子參見皇上時，需要行磕頭跪拜的禮節，「臣」字就像臣子恭敬低頭時向上仰望的眼睛，因此「臣」也有着臣民、臣子的意思。

小教室：

包粽子、划龍舟……在參與這些節慶活動時，你是否好奇過端午節的由來呢？

原來，端午節是紀念忠臣屈原的節日，下次除了品嘗美味的粽子，不妨也請家長告訴你端午節的故事喔！

fū

夫

「夫」這個字由「大」和「一」所組成，畫的是一個人「大」頭上戴着髮簪「一」。在古時候，未成年的男性會將頭髮梳成兩束，再以繩子挽成左右兩個包包頭，但長大成人後，成年男性多半會把頭髮盤起來，用髮簪固定在頭頂。

「夫」字就是成年男子的意思，因為脫離了年少階段，所以將髮型改為比較成熟的樣式。

小教室：

在古代，許多代表年齡的詞語都和髮型有關。像「垂髫」是指還不需要束髮的小孩，而「及笄」是指滿十五歲的女性，因為這個年齡的女性會戴上髮簪，象徵可以出嫁了。

jūn

君

→ → → 君

在甲骨文裏，「君」字上方畫着一隻手持權杖「丨」的手掌「乂」，用來表示擁有權勢的人，下方的「口」字則代表開口發號施令；既有權有勢，又可號令他人，指的自然是地位崇高的統治者了。

小教室：

古代皇帝掌握了龐大的權勢，甚至能輕易決定人的生死，因此有「伴君如伴虎」的說法。相較起來，活在現代社會的我們實在幸福多了。

shēn

身

→ → → 身

「身」是個象形字，畫的是一個人從側邊看過去的模樣，而其中最顯眼的，莫過於中間又大又圓的肚子。

當女性懷孕時，肚子會因為裏頭的小寶寶而變得圓潤，看起來跟「身」字就很相像了，因此在閩南語中，「懷孕」一詞被稱作「有身」。

小教室：

人類是群居的生物，我們的一舉一動都會影響周遭的人，所以要時時「設身處地」為他人着想。

只要大家都多一份包容，多一份體諒，世界就會更美好了。

給孩子的
漢字故事繪本

編著 —— 鄭庭胤　　**繪圖 —— 陳亭亭**

責任編輯：練嘉茹
馬楚燕
封面設計：小草

出版 / 中華教育

香港北角英皇道 499 號北角工業大廈 1 樓 B

電話：(852) 2137 2338 傳真：(852) 2713 8202

電子郵件：info@chunghwabook.com.hk

網址：http://www.chunghwabook.com.hk

發行 / 香港聯合書刊物流有限公司

香港新界大埔汀麗路 36 號 中華商務印刷大廈 3 字樓

電話：(852) 2150 2100 傳真：(852) 2407 3062

電子郵件：info@suplogistics.com.hk

印刷 / 海竹印刷廠

高雄市三民區遼寧二街 283 號

版次 / 2018 年 12 月初版

規格 / 16 開 (260mm x 190mm)

ISBN / 978-988-8571-52-9